图说
电力“反违章 防事故”手册
防触电

北京中电方大科技股份有限公司 组编

编写人员

王军芳 吴思雨 郭起行 李越冰 邓畅宇 陈锦富
邵 波 秦 玥 金天寅 周大勇 张春新 王华倩
吴桐国 默占江 刘 卿 雷梓萌 王正通 邓俊宇
雷梓淇 黄克勤 李 帅 彭澄宇 姚智峰 赵 蕾

中国电力出版社
CHINA ELECTRIC POWER PRESS

内 容 提 要

《图说电力“反违章 防事故”手册》以漫画形式表现了电力企业生产过程中，由于《安规》执行不到位、安全措施不落实、反违章意识不强、人员作业行为不规范等原因导致的生产安全事故，用简洁明了的语言、幽默风趣的漫画，使读者在阅读的同时，生动直观地认知违章危害、深究违章原因、学习规范作业、强化反违章意识。

《图说电力“反违章 防事故”手册》分为六个分册。本书是《防触电》分册，书中共列举了 27 个电力企业作业中的常见违章点。

本书适合电力生产一线人员学习使用，可作为电力工作者学习安全知识、了解安全规定、提高防范能力、强化反违章意识的学习材料，是电力企业开展“安全生产月”学习活动的理想用书。

图书在版编目（CIP）数据

图说电力“反违章　防事故”手册．防触电 / 北京中电方大科技股份有限公司组编．— 北京：中国电力出版社，2023.5（2025.5重印）
ISBN 978-7-5198-7789-7

Ⅰ．①图… Ⅱ．①北… Ⅲ．①电力工业－安全生产－手册②电力工业－安全用电－手册 Ⅳ．① TM08-62

中国国家版本馆 CIP 数据核字 (2023) 第 076807 号

出版发行：中国电力出版社
地　　址：北京市东城区北京站西街 19 号
（邮政编码 100005）
网　　址：http://www.cepp.sgcc.com.cn
责任编辑：孙　芳（010-63412381）
责任校对：朱丽芳
装帧设计：沈阳红石榴文化传媒有限公司
责任印制：吴　迪

印　　刷：北京九天鸿程印刷有限责任公司
版　　次：2023 年 5 月第一版
印　　次：2025 年 5 月北京第三次印刷
开　　本：787 毫米 ×1092 毫米 24 开本
印　　张：2.5
字　　数：32 千字
印　　数：3001—4000 册
定　　价：30.00 元

前言

电力生产的客观规律和电力在国民经济中的特殊地位，决定了电力生产必须树立以人为本，坚持人民至上、生命至上的安全生产理念，坚持“安全第一、预防为主、综合治理”的安全生产方针。电力生产具有生产环节多、现场带电设备多、交叉作业多的特点。在电力企业，有95%以上的生产安全事故，是由违章引发的。因此，要有效地预防生产安全事故，就必须遏制违章。

为帮助广大电力生产相关人员提高对安全作业的重视，加深对反违章的理解，发挥事故案例警示教育在反违章工作中的作用，特编写《图说电力“反违章 防事故”手册》，丛书分为防车辆伤害，防触电，防火防爆、防中毒和窒息，防高处坠落，防起重伤害，防物体打击和机械伤害六个分册。

本书是《图说电力“反违章 防事故”手册》的《防触电》分册，书中列举了27个常见违章点。针对每个违章点，列举一个违章案例，通过文字对违章表现进行描述，配以漫画对违章现场进行还原；对每个违章案例，提出了违章依据，配以漫画对规范作业现场进行展示。本书图文并茂，具有语言简洁明了、漫画生动直观的特点。所述违章案例贴近一线、结合实际、类型丰富，配图生动形象、如临现场，力图达到企业全员珍爱自己和他人的生命，自己不发生违章，又要及时纠正他人发生的违章，从源头上控制生产安全事故发生的目的。

由于编者水平有限，书中的疏漏和差错在所难免，欢迎各位读者批评指正。

编者

2023年4月

目录

违章点 1 工作人员无票作业

◎ 违章表现

工作人员无票作业，采用口头联系的方式作业，停电检修的照明回路未挂“禁止合闸，有人工作”的标示牌，误送电，造成检修人员触电。

◎ 违章现场

◎ 依据

《安规》规定：在电气设备上工作，并需运行值班人员对设备采取措施的或在运行方式、操作调整上采取保障人身、设备运行安全措施的，必须填用电气工作票或外包电气工作票。

◎ 规范作业

《安规》规定：严禁采取口头联系的方式在生产区域进行工作，凡在生产区域进行不需要办理工作票的工作，必须填用生产区域工作联系单或生产区域外包工作联系单，由分管该工作区域的运行值班人员履行许可、终结手续，并记录备案。

违章点 2 操作票由非操作人填写

◎ 违章表现

电气倒闸操作票由非操作人填写，又无监护人监护，造成操作人走错间隔或操作程序发生错误，引发电气误操作事故。

◎ 违章现场

◎ 依据

《安规》规定：倒闸操作由操作人填写操作票，操作票应填写设备的双重名称，即设备名称和编号或代码。操作票手书内容应用钢笔或者签字笔填写，操作票票面应该清楚整洁，不得任意涂改。操作人和监护人应根据接线图和实际运行方式核对所填写的操作项目，并分别签名，然后经运行值班负责人审核签名。

◎ 规范作业

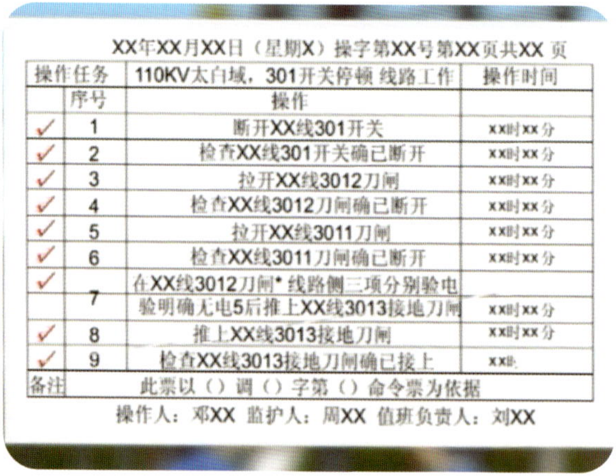

XX年XX月XX日（星期X）操字第XX号第XX页共XX 页

操作任务		110KV太白域，301开关停顿 线路工作	操作时间
	序号	操作	
✓	1	断开XX线301开关	xx时xx分
✓	2	检查XX线301开关确已断开	xx时xx分
✓	3	拉开XX线3012刀闸	xx时xx分
✓	4	检查XX线3012刀闸确已断开	xx时xx分
✓	5	拉开XX线3011刀闸	xx时xx分
✓	6	检查XX线3011刀闸确已断开	xx时xx分
✓	7	在XX线3012刀闸* 线路侧三项分别验电	
		验明确无电5后推上XX线3013接地刀闸	xx时xx分
✓	8	推上XX线3013接地刀闸	xx时xx分
✓	9	检查XX线3013接地刀闸确已接上	xx时
备注		此票以（）调（）字第（）命令票为依据	

操作人：邓XX 监护人：周XX 值班负责人：刘XX

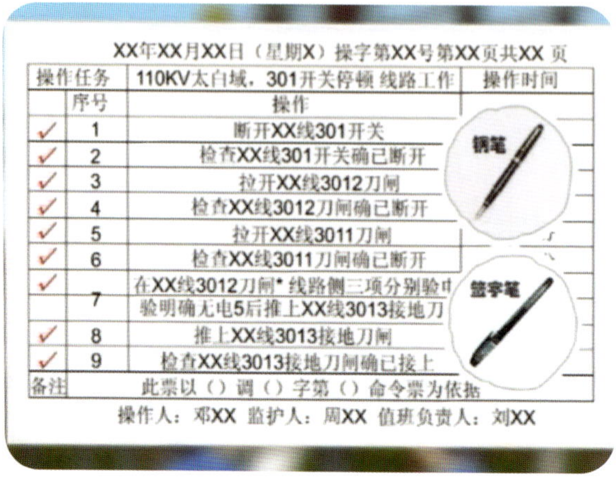

XX年XX月XX日（星期X）操字第XX号第XX页共XX 页

操作任务		110KV太白域，301开关停顿 线路工作	操作时间
	序号	操作	
✓	1	断开XX线301开关	
✓	2	检查XX线301开关确已断开	
✓	3	拉开XX线3012刀闸	
✓	4	检查XX线3012刀闸确已断开	
✓	5	拉开XX线3011刀闸	
✓	6	检查XX线3011刀闸确已断开	
✓	7	在XX线3012刀闸* 线路侧三项分别验	
		验明确无电5后推上XX线3013接地刀	
✓	8	推上XX线3013接地刀闸	
✓	9	检查XX线3013接地刀闸确已接上	
备注		此票以（）调（）字第（）命令票为依据	

操作人：邓XX 监护人：周XX 值班负责人：刘XX

违章点 3 电气倒闸操作不核对设备信息

◎ 违章表现

电气倒闸操作不核对设备名称、编号、位置，未检查断路器确在分闸位置，造成走错间隔、错送电等，引发电气短路事故。

◎ 违章现场

◎ 依据

《安规》规定：进行停送电操作时，在拉合隔离开关，手车式断路器拉出、推入前，检查断路器确在分闸位置。

《安规》规定：电气设备操作后的位置检查应以设备的实际位置为准，确实无法看到实际位置时，可通过设备机械位置指示、电气指示、仪表及遥测、遥信信号等两个及以上指示同时发生对应变化，确认该设备已操作到位。

◎ 规范作业

违章点 4 电气倒闸操作无人监护

◎ 违章表现

不执行监护制度，电气倒闸操作无人监护，单人操作时也未高声唱票，造成操作程序发生错误、错送电等。

◎ 违章现场

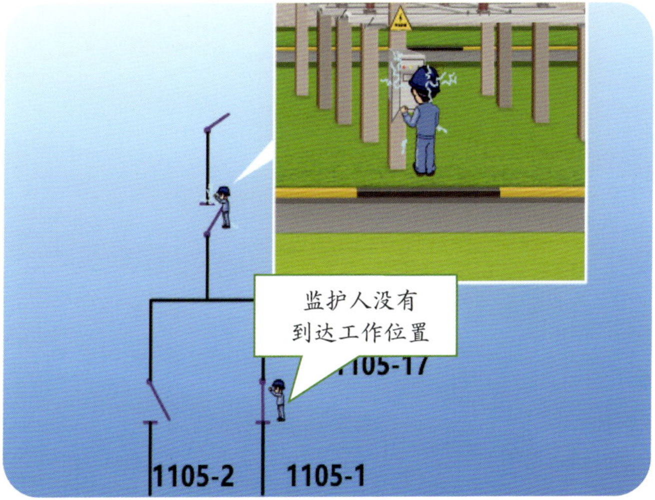

◎ 依据

《安规》规定：操作前应核对设备名称、编号和位置，操作中应认真执行监护复诵制；单人操作时也应高声唱票。

《安规》规定：监护操作：由两人共同完成的操作项目，其中一人对设备较为熟悉者作监护，另一人实施操作。特别重要和复杂的倒闸操作，由熟练的运行值班人员操作，运行值班负责人监护。

◎ 规范作业

违章点 5 防误闭锁装置解锁钥匙未按规定保管和使用

◎ 违章表现

防误闭锁装置解锁钥匙未按规定保管和使用，增大了发生人为误操作事故几率，造成人身伤害和电网减供负荷等事故的发生。

◎ 违章现场

◎ 依据

《安规》规定：防误闭锁装置不得随意退出运行，停用防误闭锁装置应经本企业主管生产的副厂长（或总工程师）批准；紧急情况时，需短时间解除防误闭锁装置进行操作的，必须经当班运行值班负责人批准，并应按程序尽快投入。单人操作时，严禁解除防误闭锁装置。

◎ 规范作业

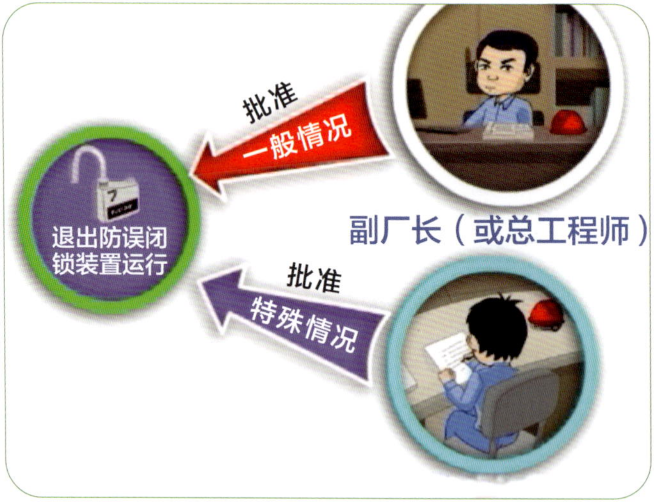

当班运行值班负责人

违章点 6 电气防误操作闭锁装置不齐全或不具备“五防功能”

◎ 违章表现

电气防误操作闭锁装置不齐全，高压电气设备未安装防误操作闭锁装置易发生人为误操作事件，造成设备和人身伤害事故。

◎ 违章现场

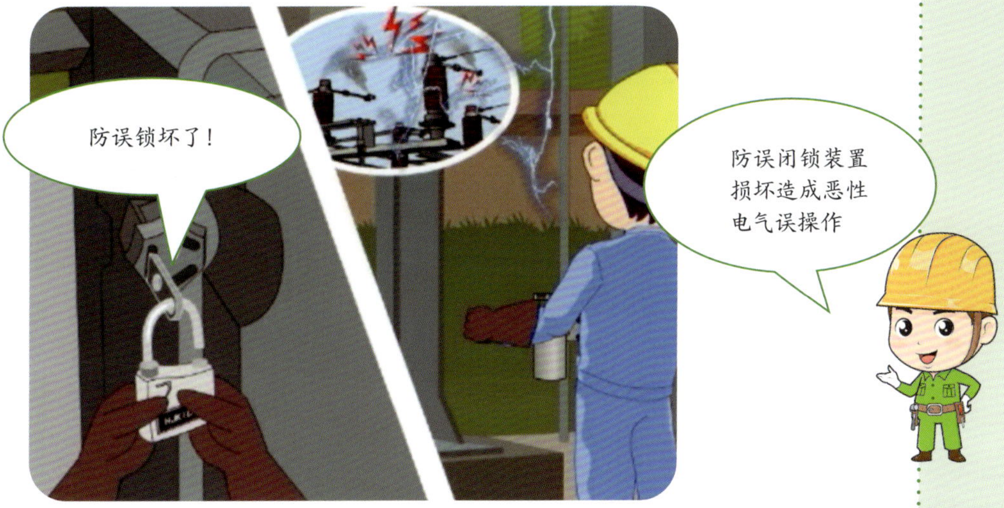

◎ 依据

《安规》规定：为防止误操作，高压电气设备都应安装完善的防误操作闭锁装置。

◎ 规范作业

违章点 7 雷雨天气不穿绝缘靴，巡视室外高压设备时靠近避雷器和避雷针

◎ 违章表现

雷雨天气不穿绝缘靴，巡视室外高压设备时靠近避雷器和避雷针。雷雨天气，可能出现大气过电压；阴雨使设备绝缘降低，绝缘脏污处容易发生对地闪络；避雷针落雷时，泄雷通道周围存在扩散电压；存在缺陷的避雷器，在泄放大电流时也可能发生爆炸。以上几种情况都可能造成人身伤害。

◎ 违章现场

◎ 依据

《安规》规定：雷雨天气，需要巡视室外高压设备时，应穿绝缘靴，不应使用伞具，并不得靠近避雷器和避雷针。

◎ 规范作业

违章点 8 巡视配电室离开时，未将门锁好

◎ 违章表现

巡视配电室离开时，未将门锁好，使无关人员进入配电室，误碰运行设备，造成设备停运或人员触电等事故。

◎ 违章现场

◎ 依据

《安规》规定：巡视配电装置，进入配电室，必须随手将门关好；离开时，必须将门锁好。

◎ 规范作业

违章点 9 工作负责人在工作开始前未向工作班成员交代作业危险点及注意事项

◎ 违章表现

工作负责人在工作开始前未向工作班成员交代作业危险点及注意事项，且工作班成员未在危险点分析栏签名，造成工作人员误碰运行设备、人员触电等事故。

◎ 违章现场

◎ 依据

《安规》规定：完成工作票许可手续后，工作负责人（监护人）应向工作班人员交代工作内容、人员分工、现场安全措施、带电部位和其他注意事项，进行危险点告知。工作负责人（监护人）必须始终在工作现场，对工作班人员的安全认真监护，及时纠正违反安全的行为。

◎ 规范作业

违章点 ⑩ 工作负责人在离开现场时未指定临时工作负责人

◎ 违章表现

工作负责人在离开现场时未指定临时工作负责人，使现场失去监护，造成误动设备和人员触电等事故。

◎ 违章现场

◎ 依据

《安规》规定：工作期间，工作负责人若因故必须离开工作地点时，应指定能胜任的人员临时代替，离开前应将工作现场交代清楚，并告知工作班人员。原工作负责人返回工作地点时，也应履行同样的交接手续。

◎ 规范作业

违章点 11 在作业过程中设备突然停电时，就视为设备停电进行作业

◎ 违章表现

在作业过程中设备突然停电时，随时可能来电，就视为停电设备进行作业，造成人员触电事故。

◎ 违章现场

◎ 依据

《安规》规定：电气设备停电后，即使是事故停电，在未拉开有关隔离开关（刀闸）和做好安全措施以前，不得触及设备或进入遮栏，以防突然来电。

◎ 规范作业

违章点 12 工作人员擅自扩大工作范围

◎ 违章表现

工作人员擅自扩大工作范围，造成误碰运行设备、误入带电间隔，人员触电等事故。

◎ 违章现场

◎ 依据

《安规》规定：若扩大工作任务，必须由工作负责人通过工作许可人，并在工作票上增填工作项目。若须变更或增设安全措施者，必须填用新的工作票，并重新履行工作许可手续。

◎ 规范作业

违章点 13 跨越安全围栏或超越安全警戒线，进入带电设备区域

◎ 违章表现

跨越安全围栏或超越安全警戒线进入带电设备区域，移开或越过电气设备遮栏工作，造成误碰运行设备、人员触电等事故。

◎ 违章现场

◎ 依据

《安规》规定：严禁工作人员在工作中移动或拆除遮栏、接地线或标示牌。

◎ 规范作业

违章点 14 设备检修约时停送电

◎ 违章表现

设备检修采用约时停送电方式，若人员出现麻痹思想，极易造成人身伤亡事故。

◎ 违章现场

◎ 依据

《电力建设安全工作规程　第1部分：火力发电》（DL 5009.1）规定：严禁采用预约停送电时间的方式在线路或设备上进行任何作业。

◎ 规范作业

违章点 15 设备验电和装设接地线误操作

◎ 违章表现

设备验电和装设接地线操作错误，不正确的验电方式，造成误碰带电体；使用不合格的验电器，无法正确判断设备是否带电，造成触电事故；装设接地线顺序错误，设备带电或突然来电，造成触电事故。

◎ 违章现场

◎ 依据

《安规》规定：验电时，必须使用相应电压等级而且合格的接触式验电器，在设备接地处逐相验电。验电前，应先在有电设备上进行试验，确证验电器良好；无法在有电设备上进行试验时可用高压发生器等确证验电器良好。雨雪天气时不得进行室外直接验电。

◎ 规范作业

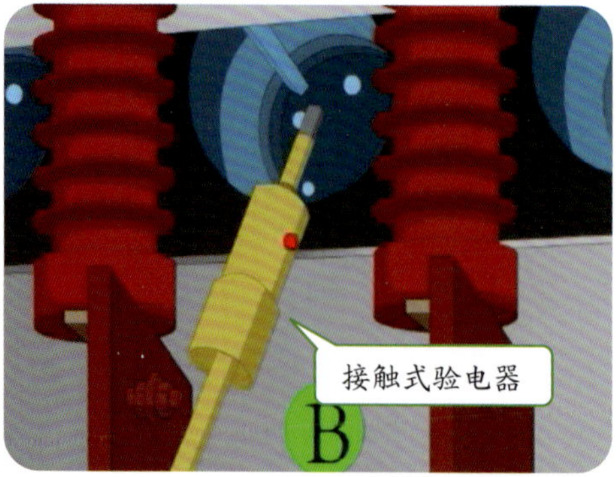

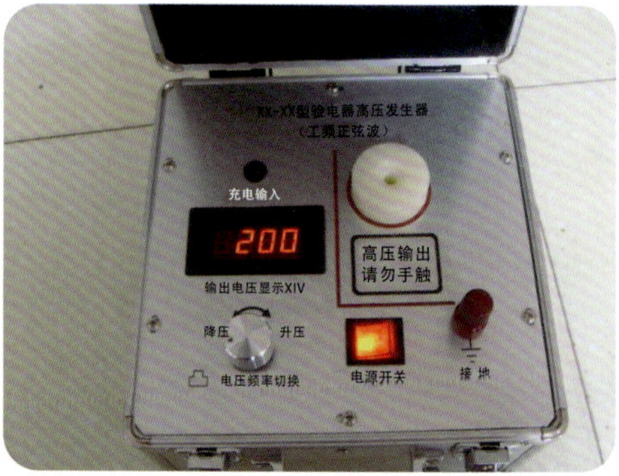

《安规》规定：装设接地线人体不应碰触接地线，必须先接接地端，后接导体端，且必须接触良好；拆接地线的顺序与此相反。装、拆接地线均应使用绝缘棒和戴绝缘手套。

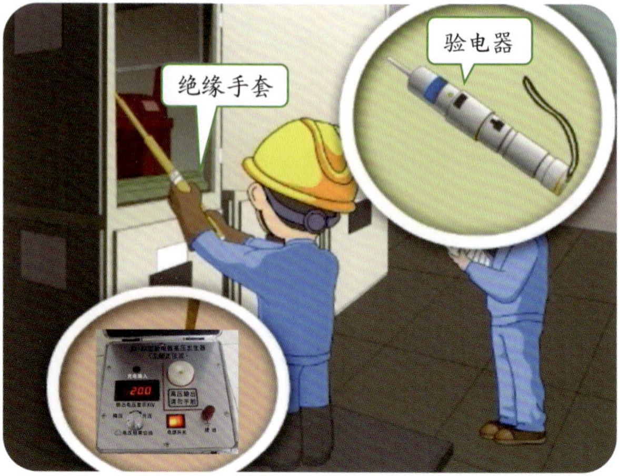

违章点 16 接地线装设地点不符合规定

◎ 违章表现

接地线装设地点不符合规定，接地线和导电部分接触不良或接地电阻不合格，当流过短路电流时，在接地电阻上产生的压降将施加于停电设备上，不能达到良好的接地效果，人员触碰时造成触电事故。

◎ 违章现场

◎ 依据

《安规》规定：在室内配电装置上，接地线应装在该装置导电部分的规定地点，这些地点的油漆应该刮去，并画下黑色记号；所有配电装置的适当地点，均设有与接地网相连的接地端；接地电阻必须合格。

◎ 规范作业

违章点 17 高压试验现场未装设遮栏、未悬挂警告标示牌

◎ 违章表现

高压试验现场未装设遮栏或围栏，未悬挂警告标示牌，且无人看守，当不明高压试验工作内容的其他工作人员靠近被试验设备时，造成电击事故。

◎ 违章现场

◎ 依据

《安规》规定：试验现场应装设遮栏或围栏，向外悬挂“止步，高压危险！”的标示牌，并派人看守。遮栏或围栏与试验设备高压部分应有足够的安全距离。

◎ 规范作业

违章点 18 测量高压设备绝缘单人操作

◎ 违章表现

单人用兆欧表测量高压设备绝缘不便于进行绝缘测量，造成测量设备、测量位置错误，发生人员触电事故。

◎ 违章现场

◎ 依据

《安规》规定：使用兆欧表测量高压设备绝缘，应由两人进行。

违章点 19 绝缘手套等安全工器具未定期检验

◎ 违章表现

绝缘手套等安全工器具未定期检验，损坏未及时发现，导致人身触电。

◎ 违章现场

◎ 依据

《安规》规定：作业现场的安全设施、作业机具和安全工器具等应符合国家或行业标准规定的要求，安全工器具和劳动防护用品在使用前应确认合格、齐备。

《安规》规定：现场使用的作业机具和安全工器具等应定期检验合格并符合有关要求。

◎ 规范作业

违章点 20 不使用或者使用不合格的绝缘工器具、安全防护用具

◎ 违章表现

不使用或者使用不合格的绝缘工器具、安全防护用具，使作业人员在操作中失去安全保护，造成人身触电等事故。

◎ 违章现场

◎ 依据

《安规》规定：装卸高压熔断器，应戴护目眼镜和绝缘手套，必要时使用绝缘夹钳，并站在绝缘垫或绝缘台上。

◎ 规范作业

《安规》规定：在电气设备上工作，必须完成停电、验电、装设接地线、悬挂标示牌和装设遮栏（围栏）等保证安全的技术措施。保证安全的技术措施由运行人员或有操作资格的人员执行。

《安规》规定：工作中所使用的绝缘安全工器具应合格并满足有关要求。

◎ 规范作业

《安规》规定：工作班成员认真执行本规程和现场安全设施，互相关心施工安全，并监督本规程和现场安全实施的实施，工作中正确使用安全工器具和劳动防护用品。

《安规》规定：现场使用的安全工器具应合格并符合有关要求。

违章点 21 现场使用不规范的检修电源箱、开关、电源板

◎ 违章表现

现场使用不规范的检修电源箱、开关、电源板，且一个开关控制两台及以上电动设备，发生过负荷造成开关跳闸，影响其他设备工作；多个负荷共用一个开关造成电源短路或过热，发生火灾等事故。

◎ 违章现场

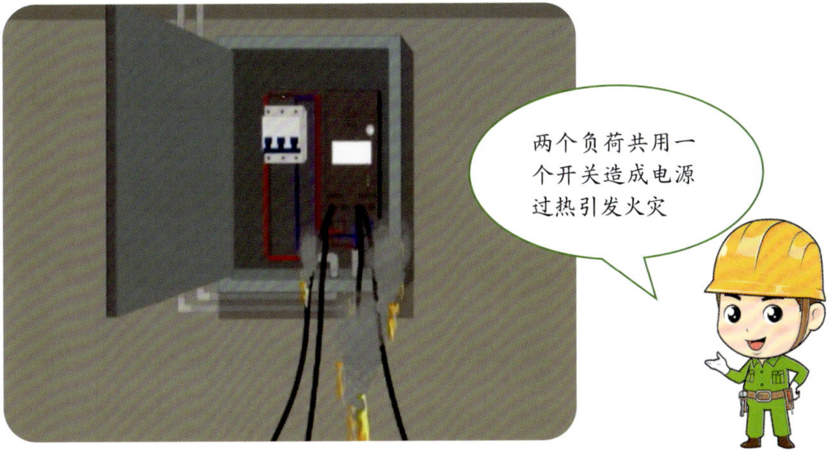

◎ 依据

《安规》规定：电焊机必须装有独立的专用电源开关，其容量应符合要求。焊机超负荷时．应能自动切断电源，禁止多台焊机共用一个电源开关。

《电力建设安全工作规程　第1部分：火力发电》规定：用电设备集中布置时应做到“一机一闸一保护”；用电设备分散使用时，每台用电设备应配置独立控制箱，做到“一机一闸一保一箱”。

◎ 规范作业

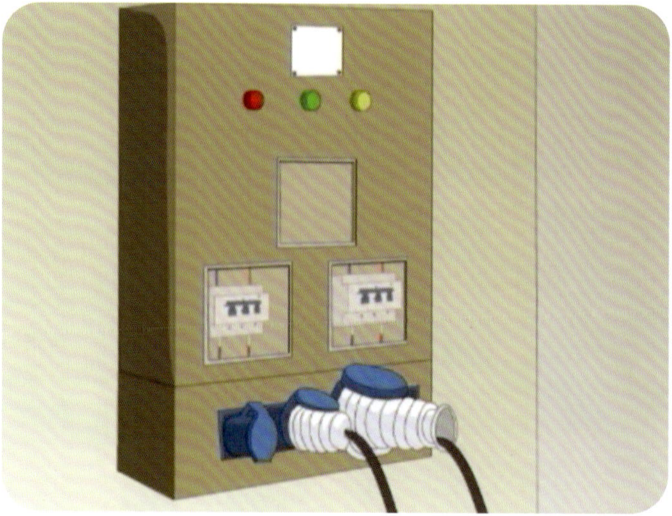

违章点 22 将电源线缠绕在插头上取电

◎ 违章表现

将电源线缠绕在插头上取电，造成电源短路或因接触不良造成火灾事故。

◎ 违章现场

◎ 依据

《电力建设安全工作规程　第1部分：火力发电》（DL 5009.1）规定：严禁将电线直接钩挂在闸刀或直接插入插座内使用。

◎ 规范作业

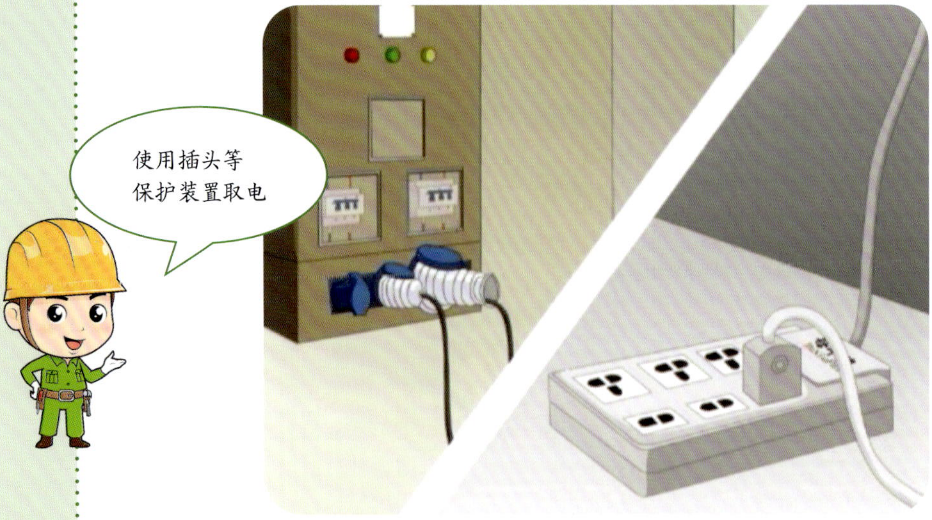

违章点 23 使用手持电动工具未接漏电保护器，电源盘开关离人过远

◎ 违章表现

使用手持电动工具（如电钻、电锤、磨光机、砂轮机等）未接漏电保护器，且电源盘开关离人过远，造成人员触电事故。

◎ 违章现场

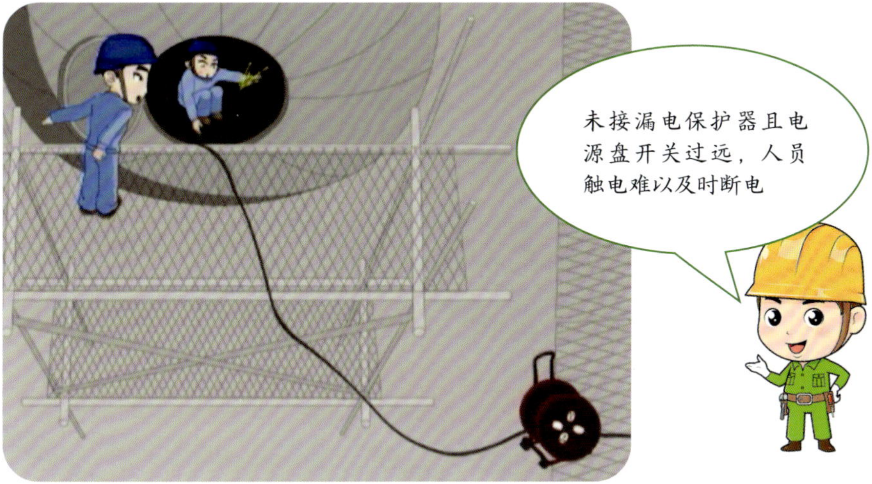

◎ 依据

《安规》规定：电气工器具应由专人保管，每六个月须由电气试验单位进行定期检查；绝缘不合格或电线破损裸露的不准使用；使用时应按有关规定接好漏电保护器和接地线；使用中发生故障，须立即找电气人员修理。

《安规》规定：不熟悉电气工器具使用方法的工作人员不准擅自使用。

◎ 规范作业

违章点 24 在金属容器内工作，不按规定使用相应安全电压等级的行灯

◎ 违章表现

在金属容器内工作，不按规定使用相应安全电压等级的行灯，在照明灯具发生漏电时，造成人员触电且无法进行施救工作。

◎ 违章现场

◎ 依据

《安规》规定：行灯电压不应超过36V；在周围均是金属导体的场所和容器内工作时，不应超过24V；在潮湿的金属容器内，有爆炸危险的场所（如煤粉仓、沟道内）、脱硫烟道系统等处工作时，不应超过12V。行灯变压器的外壳应可靠接地，不准使用自耦变压器。

《安规》规定：行灯电源应由携带式或固定式的降压变压器供给，变压器不应放在金属容器或特别潮湿场所的内部。

◎ 规范作业

行灯变压器应放在金属容器外面

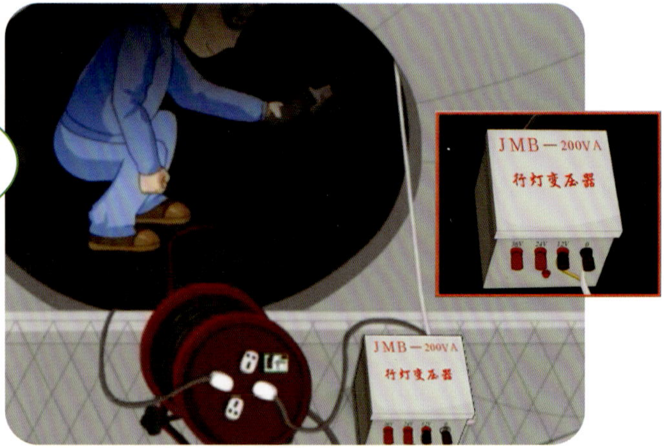
JMB－200VA
行灯变压器
JMB－200VA
行灯变压器

潮湿的金属容器内、有爆炸危险的场所行灯电压不应超过12V

凝汽器
汽包
沟道内
禁止使用明火照明
行灯电压≤12V
潮湿的金属容器内及有爆炸危险的场所
煤粉仓
脱硫烟道系统

违章点 25 电焊机外壳未接地

◎ 违章表现

电焊机外壳未接地，焊机漏电时造成人员触电。

◎ 违章现场

◎ 依据

《安规》规定：固定或移动的电焊机（电动发电机或者电焊变压器）的外壳以及工作台，必须有良好的接地。

◎ 规范作业

违章点 26 电焊机二次线接头铜芯裸露、连接不牢固

◎ 违章表现

电焊机二次线接头铜芯裸露、连接不牢固、未包扎绝缘、二次线接头线芯裸露，造成人员触电事故；导线连接不牢固会导致导线过热引发火灾。

◎ 违章现场

◎ 依据

《安规》规定：禁止使用有缺陷的焊接工具和设备。

《电力建设安全工作规程　第1部分：火力发电》（DL 5009.1）规定：焊钳及二次线的绝缘必须良好，导线截面应与工作参数相适应。

《安规》规定：电焊工作所用的导线，必须使用绝缘良好的皮线。如有接头，则应连接牢固，并包有可靠的绝缘。连接到电焊钳上的一端，至少有5m为绝缘软导线。

◎ 规范作业

违章点 27 电焊导线经过通道时未采取防护措施

◎ 违章表现

电焊导线经过通道时，未采取防护措施，引发外力损坏电焊机导线事故。

◎ 违章现场

◎ 依据

《安规》规定：不准将带电的绝缘电线搭在身上或踏在脚下。电焊导线经过通道时，应采取防护措施，防止外力损坏。

◎ 规范作业

扫码看课程